Private Garden Design
Modern Style

私家庭院设计·现代风格

U0309057

石 平　张新荣 主编
中国林业出版社

图书在版编目（CIP）数据

私家庭院设计 现代风格 / 石平，张新荣 主编 . -- 北京：中国林业出版社，2013.12

ISBN 978-7-5038-7312-6

Ⅰ.①私… Ⅱ.①石… ②张… Ⅲ.①私家园林 - 庭院 - 景观设计 - 图集 Ⅳ.① TU986.2-64

中国版本图书馆 CIP 数据核字 (2013) 第 305016 号

本书编委会
主　　编：石　平（东北大学）　张新荣（常州工学院）
副 主 编：晏　海　缪同强　刘文佳
策　　划：⑰ 北京吉典博图文化传播有限公司
执行主编：李　壮

参与编写人员：
陈　婧　张文媛　陆　露　何海珍　刘　婕　夏　雪　王　娟　黄　丽　程艳平　高丽媚
汪三红　肖　聪　张雨来　陈书争　韩培培　付珊珊　高囡囡　杨微微　姚栋良　张　雷
傅春元　邹艳明　武　斌　陈　阳　张晓萌　魏明悦　佟　月　金　金　李琳琳　高寒丽

中国林业出版社·建筑与家居图书出版中心
责任编辑：纪　亮　李　顺
出版咨询：　(010) 83223051

————————————————————————————————————

出　版：中国林业出版社（100009 北京西城区德内大街刘海胡同 7 号）
网　站：http://lycb.forestry.gov.cn/
印　刷：北京利丰雅高长城印刷有限公司
发　行：中国林业出版社
电　话：　(010) 83224477
版　次：2014 年 1 月第 1 版
印　次：2014 年 1 月第 1 次
开　本：889mm×1194mm 1 / 16
印　张：10
字　数：200 千字
定　价：39.80 元

造一处别院 享精致生活

致"私家庭院设计"丛书

"小桥杨柳色初浓，别院海棠花正好"，乍读此句，我们眼前已显现出这温润而美丽的春景。现代人的生活，当有现代人的追求，或田园生活的舒服与随意，抑或城市生活的快捷与便达。物质生活的富足让我们这些现代人有了追求不同生活的条件与权利。而与生活息息相关的居所，便成为我们努力去经营与创造的重点。

对于营造居所的设计师，或是居所的主人，要把我们带入到另一个境界，那是非常不容易的，这需要独到的思想和丰富的经验。为此，我们想用这一幅幅作品为大家展现别样的境界，这也算是我们编写此套书的初衷。整套书有四种风格，分别为中式、欧式、简约和混搭，也算是针对不同人的爱好和需要。我们想通过这些作品的展示，让追求美好生活的人们能找到些灵感，或那些已经有这么一处别院的人亲自设计一番。

"私家庭院设计"是一次别院空间设计的旅行，我们希望大家在这次旅行中能唤醒一些美的情愫，发现通往自己内心的另一条道路，从一幅幅作品中，我们也能看到设计师在为我们美好的生活而努力。而翻看此书，我们更希望大家能去追求真正美好而精致的生活。

在此，我们要感谢这些为我们提供作品的每一位设计师，或者是别院的主人，因为他们的追求，才使得我们能为更广大的你们呈现美好的画篇。

编著者
2013 年 12 月

Contents

目录

PRIVATE GARDEN DESIGN/MODERN STYLE

Red Garden

红花园

Location: Sydney，Australia　**Courtyard area:** 200 m²
Design units: Terragram
项目地点：澳大利亚 悉尼　占地面积：200 m²
设计单位：Terragram

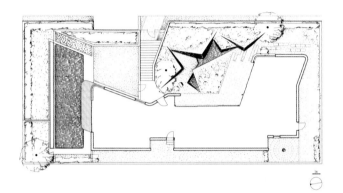

　　红花园实际上是这样产生的：一大批不切合实际的涂鸦，大量暴涨的红沙石，以及一个极其信赖别人和爱冒险的客户，他愿意资助这个实验性的花园。在设计阶段，使用了泥塑模型来对该场地进行开发改造，对于特别有挑战性的花园这是典型的做法。在实际施工阶段，还要牵涉很多东西，当花园不符合常规界定的几何尺寸时，这是无法避免的。一个条形的实体模型在工地被建造出来，去验证各种角度和几何尺寸。

　　这个花园里植物品种繁多，许多肉质植物是从客户原先收集的，杂乱栽种的盆栽植物中选出的。最初的那棵横跨悉尼拖回的成年龙血树，由于移植后浇水过多不幸死掉，在 2005 年被一棵成年露兜树取代，它带着膨胀的气生根。随着时间的推移，花园里的植物不断蔓延，从石缝里钻出来，会占据整个花园。水池最初是有鱼的，最近被槐叶萍占满了，在红石间形成一块密实的绿色地毯——这是池塘迷人而怪异的重生。

植物材料主要以常绿的观叶植物为主，使庭园呈现出植物的绿色和其他景观元素的红色两种主色调，两者之间形成鲜明的对比，绿色植物背景加强了花坛的几何形状，而花坛及砂砾的红色则更加突出了植物强劲的生命力，相互映衬，相得益彰。

鸡蛋花
酒瓶兰
观赏草
龙舌兰

私家庭院设计／现代风格

PRIVATE GARDEN DESIGN/MODERN STYLE

A minimalistic garden in a forest

森林中简约主义花园

Location: Vilnius，Lithuania　**Courtyard area:** 4000 m²
Design units: glasser & dagenbach landcsape architects

项目地点：立陶宛 维尔纽斯　　占地面积：4000平方米
设计单位：glasser & dagenbach landcsape architects

　　整个设计从两方面呈现了特殊的氛围，水平的经过良好保护的草坪，和笔直的松树树干。如此创造了一种忧郁的、让人沉思的氛围，这种氛围非常接近日本花园的主题。这个别墅利用天花板下面的窗户吸收了大森林的氛围。因此，从屋内你总是能看到花园或森林的一部分。在户外木制的平台，设计出一个矩形的洞。在这个洞中，他们安排了一个立方体形的雕塑，代表着花园最可能的简约：一半是侏罗纪的大理石，一半是修整过的紫杉。在草坪上立方形的黄杨木，他们放置了一个圆形铜质圆顶，圆顶上有各种开孔，分布开像星空一样，夜晚这个装饰物从里面点亮。房屋的后面，在笔直的树干之间，设计者在草坪上创造了一个球形的雕塑从而形成了一个球形花园，三分之一是由侏罗纪大理石组成，其他三分之二是由修整过的紫杉组成。

疏密有致的松林营造出一个宁静、幽远的庭园空间，松树树干坚韧挺拔，颇具魄力。树林中点缀的紫杉、槭树等观赏灌木丰富了景观层次和色彩。水池旁边蓝色的草花更是为庭园增添了一丝浪漫气息。

松树
槭树
紫杉
老鹳草
小叶黄杨
玉簪

Noble Cube

高贵立方

Location: Bangkok, Thailand   **Courtyard area:** 51222 m²
Design units: TROP
项目地点： 泰国 曼谷   **占地面积：** 51222平方米
设计单位： TROP

高贵立方是我们早期的一个设计。客户最先要求为他们的销售处做设计。销售处面积狭小，而且整体预算非常有限。不过，贵族集团是一个非常有趣的客户，他们支持并鼓励新设计，乐于尝试新鲜事物。由于预算的原因，起初我们在建材上的选择非常受限，备选并不多。所以我们列出了一系列合适的建材，试图找到一个化腐朽为神奇的妙招。

一份拼贴画报纸给了我们启发。我们采用了色彩各异的不同建材，水泥、岩石、草坪、灌木和其他各种各样的建材都是我们的"色彩"。先对这些建材用2D图纸体现出来，然后将设计图用3D模式体现出来。有些理念成为了销售处的主要概念，有些则用在了花园的建设上。最终，只花了极少的预算，我们成功地建成了花园，它是绿色区域里一个趣味横生的地方。

植物主要以绿色调的观叶植物为主，植物作为一种景观元素与水泥、不锈钢、木材等其他建筑元素在色彩、质感、形态上形成鲜明的对比。宽阔的草坪为平日的休闲、散步等活动提供了充足的空间。

鸡蛋花
银杏
小叶黄杨

私家庭院设计／现代风格

PRIVATE GARDEN DESIGN/MODERN STYLE

Liberty Hill Residence
自由山住宅

Location: San Francisco, USA **Courtyard area:** 3000 m²
Design units: SURFACEDESIGN INC.

项目地点：美国 旧金山 **占地面积：**3000平方米
设计单位：SURFACEDESIGN INC.

该地区的特征是斜坡地貌，这所旧金山自由山上的私人花园有专门的娱乐场所和儿童游乐场地，该花园的特点是具有创新性的人造景观素材。耐腐蚀、高强度钢的箱子充当固定结构和花盆，沿着该住所的周围延伸，然后深入周围的木栅栏。从总体上看，后院暗示了这座山城的存在，当从这所房子的后窗或从高处的露台上眺望，城市看起来在花园后面渐渐消失了。

　　银莲花、鸢尾、肾蕨、铁线蕨及风铃草等秀美的植物布置在钢材构成的花盒中，既方便植物管理，又节约了庭园空间。郁郁葱葱的植物在色彩和质感上与钢材、石墙、水泥及木板等景观材料形成戏剧性的对比。鸡爪槭有着优美的树形和艳丽的色彩，是庭园的视觉焦点，同时也丰富了庭园的几何结构。

鸡爪槭
绣球草
风铃草
银莲花

私家庭院设计/现代风格

PRIVATE GARDEN DESIGN/MODERN STYLE

Sunnylands Center and Gardens
安纳伯格庄园中心花园

Location: California，USA　**Courtyard area:** 2000 m²
Design units: The Office of James Burnett
项目地点：美国加利福尼亚　占地面积：2000平方米
设计单位：The Office of James Burnett

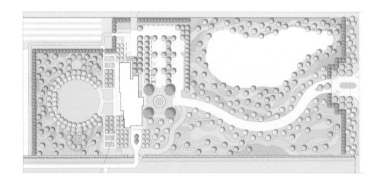

　　Sunnylands中心花园是一个占地200英亩（1英亩≈4047平方米）沙漠度假地的扩建项目，为著名出版人、外交家和慈善家Walter Annenberg所有，它宣扬和阐释了这座历史园林所秉承的建筑和文化遗产。景观设计师从Annenberg广泛收集的印象派艺术品得到灵感，描绘出了一幅符合索诺兰沙漠特征的生活景观，在美国贫瘠的西南部呈现一种新的生态美学。

植物材料主要选择抗旱性较强的沙漠植物，创造出既具有浓郁地域特色又生态节水的可持续景观。开花的扁轴木秀美绚丽，为游客提供了一条阴凉的绿荫道。下层片植的龙舌兰、芦荟和仙人掌等植物生机勃勃，极具雕塑感。

扁柚木
芦荟
龙舌兰

PRIVATE GARDEN DESIGN/MODERN STYLE

Chronos Garden

时间花园

Location: Sydney，Australia　**Courtyard area:** 700 m²
Design units: Terragram
项目地点：澳大利亚 悉尼　占地面积：700平方米
设计单位：Terragram

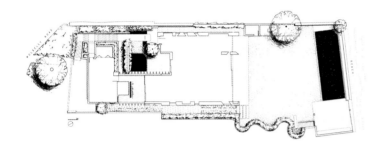

　　从居所的前面到它末端的海港边，这个花园无不体现着对水的开发利用。一楼的平台取代了过去那些在现在看来普通无奇的绿色屏障，成为了一个生机勃勃的背景图——平台就是一块绿色的画布，将一直带着它原有的结构图形，清晰地勾划出干燥和湿润的区域，上面种植了石兰，凤梨花，蕨类植物，肉质植物和苔藓等。

叶子花、鸡蛋花、紫薇及麦冬等植物装点在墙角、墙头和墙上，软化了建筑的几何，丰富了空间层次，营造出一个绿意盎然、生机勃勃的庭园空间。

紫薇
叶子花
鸡蛋花

私家庭院设计／现代风格

PRIVATE GARDEN DESIGN/MODERN STYLE

Carnegie Hill House
卡内基山别墅

Location: New York，USA　**Courtyard area:** 800 m²
Design units: Nelson Byrd Woltz Landscape
项目地点：美国 纽约　　**占地面积：**800平方米
设计单位：Nelson Byrd Woltz Landscape

　　这个项目是人口密集的城市中的一片林地，延伸到一片材料、植被、规模和细节都相同的私人户外生活空间。因现有排屋空间有限，所以设计是建立在这有限的空间基础之上的，定义可用空间的方式是，通过内外材料的交融来扩大内部空间。户外空间特征是由排屋的组成关系和城市环境来决定的。

这是一个美丽的家园。植被茂密，却又恰到好处。繁密之间仍有大片开放空间。体现了精湛的细节和工艺，尤其是生长着超多植物的地面植物组合。植物的阴影落在地面上，墙面上趴着常春藤。一排银杏树将空间分成两个部分，加大了景深。

银杏
爬山虎
荚果蕨
小蔓长春花
银莲花
麦冬

PRIVATE GARDEN DESIGN/MODERN STYLE

Guxiang Hotspring

古象温泉

Location: Guangxi，China **Courtyard area:** 1440 m²
Design units: D+D & associate
项目地点：中国 广西 占地面积：1440平方米
设计单位：地本（上海）景观设计咨询有限公司

　　本项目位于广西中部的象州县，距柳州市81千米，占地216亩（1亩 ≈ 666.67平方米），是一座集温泉疗养、戏水游乐、美食、会议和度假于一体的大型旅游度假区。

　　中国所有艺术的最高境界都是追求意境，诗歌求言外之意，音乐求弦外之音，都要求虚中见实。设计师运用一系列具象的景观元素，以现代景观设计手法将它们进行精妙地搭配、组合。在有限空间中，借助自我的感觉体会到鸟语花香、浮云落日、雨打芭蕉等自然生态景观，并在心里得到升华。达到"庄周梦蝶，物我两忘"的境界。

　　植物全都种植在规则的花坛或种植槽中，加强和呼应了建筑的几何结构。黄金竹沿墙角布置，在白墙的映衬下，营造出一种朦胧的诗情画意。

竹
桂花
红花檵木
叶子花
棕竹

← 壹，柒~拾．溫泉
Building 1 Building 7 - Building 10 Hot Spring

貳，叁~陆 →
Building 2 Building 3 - Building 6

私家庭院设计/现代风格

PRIVATE GARDEN DESIGN/MODERN STYLE

A star for Mies

密斯之星

Location: Berlin，Germany　**Courtyard area:** 300 m²
Design units: Glaßer and Dagenbach　GbR
项目地点：德国 柏林　　**占地面积：**300平方米
设计单位：Glaßer and Dagenbach　GbR

　　密斯·凡德罗于 1926 年在柏林的弗雷德里司福德设计并建造了革命纪念碑，目的是纪念两位被害的社会主义者：Rosa Luxemburg 和 Karl Liebknecht. 它只持续了短短九年，在 1935 年被纳粹摧毁。它是当时的一件艺术杰作，设计理念超前，得到国际广泛认可。

　　这项艺术工程使用被纳粹摧毁的纪念碑的设计理念。通过解构纪念碑的元素，设计者发现了整个破坏的过程，然后以一种经过改变的象征意义重建这个建筑。

庭园周围的绿篱以及绿色的草坪为几何形的雕塑图案提供了很好的
背景，突出了纪念性的主题。高高的树状月季增加了庭园的空间层次和
色彩，且没打乱雕塑的几何形态。

白桦
月季
芍药

私家庭院设计/现代风格

PRIVATE GARDEN DESIGN/MODERN STYLE

Wine garden

葡萄酒花园

Location: Nanjing，China　**Courtyard area:** 300 m²
Design units: El:ch landscape Architects
项目地点： 中国 南京　**占地面积：** 600平方米
设计单位： El:ch 景观建筑师公司

　　Cantina di Terlano, 是南 Tyrol 地区最古老的传统葡萄酒酒窖之一，随着它的扩建，带着美景的屋顶花园被加到外楼的顶部。

　　这个葡萄酒花园完全是为了让人体验壮观的景观而建的，于是它与当地产的葡萄酒息息相关。带着玻璃的围栏，花园与周围的景观紧密相连。

在锈钢围成的几何形花坛中，主要布置了细茎针茅和芒等禾本科的观赏草，秀美的观赏草与其他景观元素在色彩、质感和形态上形成有趣的对比。当起风时，禾本科植物会给整个庭园增添活力和动感。此外，庭园中观赏草同远山的植物也很好的呼应起来，将大自然的景观引入庭园中。

芒
细茎针茅
八宝景天

PRIVATE GARDEN DESIGN/MODERN STYLE

Hill House (Lil Big House)

山楼（李尔大楼）

Location: Washington，USA　**Courtyard area:** 900 m²
Design units: Charles Anderson+Partners
项目地点： 美国 华盛顿　**占地面积：** 900平方米
设计单位： Charles Anderson+Partners

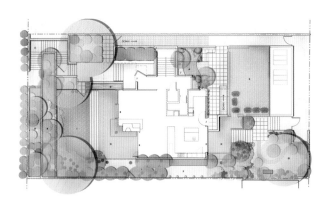

坐落于安妮女王山的顶端，俯瞰着皮吉特海峡，这座被金属覆盖的现代化房屋置身于大片当地植物组成的风景之中，除了屋顶蔬菜花园里的那些，植物都取材于当地。住宅和周围的庭院的设计反映了业主们的价值观和愿望，去实现城市建筑美学与园艺实效艺术的平衡；这是一个惊人的观点，并在建筑师和景观设计师们的尊重、帮助和鼓励下得到实现。

几株株型秀美、色彩绚丽的枫树从石缝中挺出，与石头和谐共生，潇洒别致，充满雅趣，营造出一个别具韵味的庭园小景。

槭树

私家庭院设计/现代风格

PRIVATE GARDEN DESIGN/MODERN STYLE

Peterson Residence

Peterson 居所

Location: San Francisco，USA　**Courtyard area:** 800 m²
Design units: Surfacedesign Inc.

项目地点：美国 旧金山　占地面积：800平方米
设计单位：Surfacedesign Inc.

这个雕像主题公园位于一个能够俯瞰圣弗朗西斯科湾的半岛上，反映出了充满激情的艺术收藏家们独特的想象力，他们个人的艺术创作冲动部分是源于自己孩子对景观的感受和喜爱。因此，这座花园在设计上在努力追求表现该地独特的景色和地形的同时，融入几个迥然不同的空间，这些空间把建筑、景观、功能融为一体。

植物素材主要以槭树、竹、蕨、沿阶草等观叶植物为主，色调统一，为庭园中的雕塑起到很好的背景作用，同时这些植物形态各异，自成一体，也极具观赏特性。

蕨
沿阶草

私家庭院设计/现代风格

PRIVATE GARDEN DESIGN/MODERN STYLE

Casa Bahia

卡萨巴伊亚

Location: Brazil   **Courtyard area:** 200 m²
Design units: MK27 Studio
项目地点： 巴西   **占地面积：** 200平方米
设计单位： MK27 工作室

　　卡萨巴伊亚是来至于MK27工作室的建筑师Marcio Kogan设计的，被称之为"不需要技术的绿色房子"，因其采用最新科学，可以节省电力。但使用的却是千百年来巴西建筑传统的材料。

　　高大的芒果树为庭园提供了大片的荫翳和树下休憩空间。芒果树的树干、树姿、果实都具有较好的观赏价值。同时，树形所产生的框景效果也演绎出幽深的庭园世界。

芒果

PRIVATE GARDEN DESIGN/MODERN STYLE

SHELL
贝壳

Location: Nagano，Japan　**Courtyard area:** 274.38 m²
项目地点：日本 长野　**占地面积**：274.38平方米

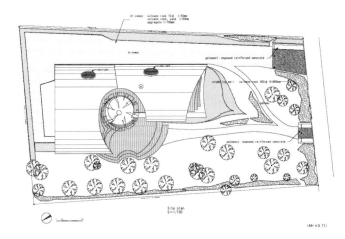

　　在丛林的中央坐落着一个巨大的贝壳形状的构筑物。很难确定这个构筑物到底是什么。和周围的洞穴和岩石不同，它显然不是自然界的一部分，也不是一处遗址。它是为了一个完全不同的用途在一个完全不同的地点建造的一个框架、一个造型。在这个贝壳形的构筑物内，你可以发现建造的地板、用墙间隔的空间以及经过装饰的房间。这个场景让人联想到科幻电影中的情景：当地居民居住在一个废弃的宇宙飞船中。随着时间的推移，周围的树木逐渐变高，将宇宙飞船包围起来，使其与景观更加协调。为了使其在未来的许多年内都能得到充分的利用，同时与大自然相互协调，我们提出了上述的场景——一个漂浮在地面上的巨大贝壳形构筑物。

贝壳型的建筑与周围郁郁葱葱的植物和谐共生，同时其鲜明的几何外形在绿色植物的衬托下又显得非常突出。高大的松树从建筑中心挺拔而出，在垂直方向上形成强烈的视觉效果。

松树

PRIVATE GARDEN DESIGN/MODERN STYLE

Zen Water House

禅宗水屋

Location: Lijiang，Yunnan，China **Courtyard area:** 800 m²
Design units: Li Xiaodong studio
项目地点：中国 云南 丽江 **占地面积：** 800平方米
设计单位：李晓东工作室

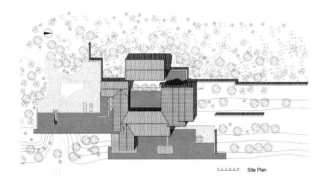

Site Plan

　　禅宗水府，是李晓东工作室设计的一个私人俱乐部，坐落在丽江玉龙雪山脚下一个倾斜的地域，在这里，老城区和周边环境的全景可以一览无余。

　　房子坐落在一个封闭的庭院，周围有大片的空地，通过石墙和无边的泳池等因素，从视觉上看起来像完全开放的。

庭园中的竹丛和墙角的树丰富了建筑简单的几何线条，庭园轮廓通过植物的栽种变得柔和。庭园中的翠竹更是为庭园增添不少意趣，一杯清茗，或是赏清竹弄影，或是听风吹疏竹，别有一番风味。

竹

私家庭院设计/现代风格

PRIVATE GARDEN DESIGN/MODERN STYLE

Normandie Garden

诺曼底花园

Location: South County Dublin，Ireland　**Courtyard area:** 1400 m²
Design units: Hugh Ryan Landscape Design
项目地点： 南都柏林 爱尔兰　　**占地面积：** 1400平方米
设计单位： Hugh Ryan Landscape Design

　　当我第一次看到这个房子的时候，它正在进行彻底的整修和扩建，花园本身实际上就像一张空白的画布，除了后园里一棵非常精美的西伯利亚 *Picea omorika* 云杉，和前园里一棵美丽的 *Glauca* 北非雪松。我注意到房子所有的房间都能欣赏到花园的景色，二楼的许多房间都有阳台。厨房在房屋里占据了一个特别重要的中心位置，是房子和后园主要连接点。客户想要一个既不太传统又不太现代的花园，一个玩蹦床和篮球的运动空间，一个位于后面的娱乐房间，一块草坪和一个水景，但不是水池。她还想在侧面要一个干活用的院子，前面要有宽阔的停车空间。她另外强烈要求我加入一些她最喜爱的植物。

庭园周围被茂密的乔灌木围合起来，矾根、八宝景天、鸢尾、蕨等观花观叶植物种植在小叶黄杨和石块围合起来的花坛中，使得庭园郁郁葱葱、充满生机，又井然有序。

槭树
竹
八宝景天
蕨
菖蒲
小叶黄杨

私家庭院设计/现代风格

PRIVATE GARDEN DESIGN/MODERN STYLE

Rieder's Residence

令人惊艳的居所

Location: San Francisco, USA **Courtyard area:** 181 m²
Design units: Surfacedesign Inc.
项目地点：美国 旧金山 **占地面积**：181平方米
设计单位：Surfacedesign Inc.

小山距离住宅 15 英尺（1 英尺 ≈ 0.3048 米），房屋从两个层面融入花园。从马路穿过车库，首先映入眼帘的是挡土墙（护墙），但这一结构急需改变。在主要生活空间，主人的主卧室朝向可使用平坦的、广阔的空间。这个设计面临的挑战（也是机会）就是为这一垂直空间构思一个统一的计划，创造一种既能感受到下面花园，又能提供一个紧邻住所的会客空间，还要提供一个可以进入这所房子顶端的入口，因为从这里可以看到美丽的海景。

庭园中主要使用了狼尾草、紫鸭趾草、黑法师、龙舌兰等观叶植物，狼尾草使挡土墙和楼梯坚硬的轮廓变得柔和，紫色的紫鸭趾草、黑法师和酸模叶蓼为庭园增添了色彩，龙舌兰和蕨具有雕塑感的形态也为庭园增加意趣。

紫鸭跖草
狼尾草

074

San Francisco Residence

旧金山公寓

Location: San Francisco，USA   **Courtyard area:** 300 m²
Design units: Lutsko Associates
项目地点： 美国 旧金山   **占地面积：** 300平方米
设计单位： Lutsko Associates

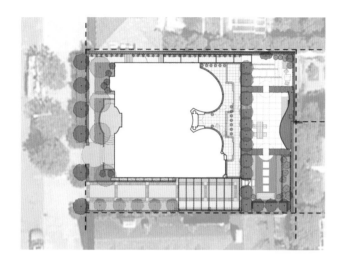

　　旧金山的城市花园的最初构想是户外居所，使狭小的空间使用率达到极限。由于其规模较小，庭院建筑就没有设计屋顶，这样从室内就可以将视线越过这些建筑，望到天空，同时也可以将宁静的庭院美景收尽眼底。

植物树墙、半透明玻璃墙和手工镘平的灰泥墙一起围合出一个静谧悠闲的
庭园空间，植物和玻璃框形成的框景又将远处的景观引入园中。植物景观用色
上比较简洁，绿色和灰白色的枝叶与白色的花朵，确保了人们的注意力更容易
被设计形式而非色彩所吸引。植物粗质的叶片与细质的其他材料形成强烈对比。

鼠尾草
加罗林桂樱
柠檬
绒毛百里香

PRIVATE GARDEN DESIGN/MODERN STYLE

Cleansweep

狂风

Location: Dublin，Ireland　**Courtyard area:** 400 m²
Design units: Hugh Ryan Landscape Design
项目地点：爱尔兰 都柏林　**占地面积：**400平方米
设计单位：Hugh Ryan Landscape Design

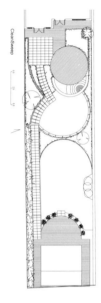

　　在 Clean Sweep，交给设计师设计的是一个狭长的后花园 (30 米 X10 米)，大部分的地面比室内地面高出约 500 毫米。原先，人可以通过院落地门从厨房走到一个长方形的小平台，从这几个窄窄的台阶通向一块草坪，草坪的两边栽的是各种各样的灌木，灌木的后面是茂密生长的忍冬花形成的篱笆。走到花园一半的地方有四棵苹果树，树后会看到一小块菜地，还有一个放置肥料的地方，被棚架遮挡着，上面还覆盖满了铁线莲花。

小径两旁布置着鸢尾、矾根、玉簪等草花，使在庭园漫步时不会单调。柏树和白色立柱交错排列在圆形草坪的周围，形成和谐、统一又富有变化的韵律，同时也起着分隔空间的作用。

苹果
柏树
龙桑
玉簪
鸢尾
矾根

私家庭院设计／现代风格

PRIVATE GARDEN DESIGN/MODERN STYLE

Encino Hills Spa Residence

恩西诺山 SPA 居所

Location: California，USA　**Courtyard area:** 3035 m²
Design units: Ecocentrix
项目地点：美国 加利福尼亚　**占地面积**：3035平方米
设计单位：Ecocentrix

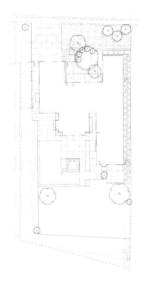

　　这个住所的建筑设计线条简洁流畅，外观普通，但室内现代华美。客户渴望新的花园和人造景观的整修与室内设计相辅相成，当在这个改造一新的家里招待客人的时候，让人感受到迷人的画面和雕塑，有享受 SPA 一样的体验。

在白色墙壁和红砂壤的映衬下，球形的蓝羊茅、粗壮的龙舌兰和直立的芦荟等极具雕塑感的植物之间构成非常幽默的对比。

芦荟
龙舌兰
蓝羊茅

English garden for a Villa

别墅的英式花园

Location: Vilnius，Lithuania　**Courtyard area:** 1700 m²
Design units: glaßer and dagenbach　GbR
项目地点： 立陶宛 维尔纽斯　　**占地面积：** 1700平方米
设计单位： glaßer and dagenbach　GbR

　　喷泉，盆景，藤架，日晷，都是用英国的人造石灰石制成的。路面是用黄色的比利时粘土铺路石筑成。

　　前花园在行车道和入口处被分开，不幸的是，设计师对房屋的车道入口位置和房屋入口处的位置的设计并不十分完美。

　　后侧花园是呈杯形螺旋上升，在中心，我们模仿英国的伊顿古堡安置了一个喷泉。黄杨木树篱用地被植物和高颈蔷薇植物将种植的玫瑰圈起来。一个25米长的花廊藤架上面爬满了密密麻麻的蔷薇，这个绿廊会把你带到下面的小路，路边的硅瓷板上爬满了铁线莲和蔷薇植物。伞状的铁线莲、樟子松、欧洲红豆杉等植物为花园创造了美丽的景色。

整齐的黄杨和红豆杉树篱构成了庭园的骨架，使庭园整体呈规则式风格。花坛中盛开的月季和路缘的萱草、玉簪、矾根、八仙花等植物为庭园增添了色彩和活力。草坪中槭树的树形、色彩同整形的紫衫也形成有趣的对比。

红枫
小叶黄杨
月季
萱草
玉簪
欧洲红豆杉

PRIVATE GARDEN DESIGN/MODERN STYLE

45 Faber Park

法贝尔公园

Location: Singapore   **Courtyard area:** 840 m²
Design units: Architecture ONG&ONG Pte Ltd
项目地点：新加坡   占地面积：840平方米
设计单位：Architecture ONG&ONG Pte Ltd

　　本项目最引人注目的就是大面积应用在房屋外立面上的黑灰色金属彩板，彰显出现代、棱角分明的个性。为了完善这种棱角分明的印象，本项目采用大量天然材料，如柚木、柚木板等，大量地用于整个房间。一个巨大的螺旋楼梯在白色的室内空间中形成一个强烈的视觉轴线，成为整个房间的焦点。根据生态这一主题，地下室设计了一个天窗，允许自然光线洒向地下室。

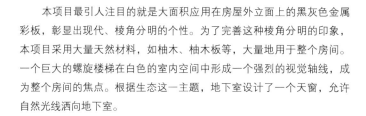

庭园中的植物全部种植在规则的种植池或花盆中，使庭园看起来简单、整洁而有序，与建筑风格也相互统一。变化的种植高度与种植方式又使得庭园景观不再单调。

竹
蜘蛛兰
鸡蛋花

Lu's Garden

露丝花园

Location: Arizona，USA　**Courtyard area:** 350 m²
Design units: Four Seasons Garden Design Llc v
项目地点：美国 亚利桑那州　**占地面积：**350平方米
设计单位：Four Seasons Garden Design Llc

　　国外设计师在设计庭院时，往往会更倾向花园式的设计（除了位于屋顶的露台庭院，因为其上确实很难种更多的植物），而国内的庭院设计总是会做出更多更复杂的硬质景观，如外形复杂的小品，各种样式的廊架、花架、茶座，还有各种细碎、繁多的分区布置，我们称它为过度的设计。庭院中，茂密的植物，层次分明的绿树、鲜花确实能给人更大的放松。相较于一处复杂的亭、台、花架景观庭院，生活在喧嚣都市的人们往往更倾向于百花环绕、绿树成荫的后花园。这样一个随意、自由的空间，在满足了主人基本的使用功能之后，给予的全是视觉、嗅觉以及精神上的享受。

月季、矮牵牛、叶子花、石竹等植物盛开的红色花朵将庭园装点得绚丽而温馨。芒果树为庭园增添了阴凉，夏季时还能带来芬芳甜美的水果。

芒果
叶子花
无花果
矮牵牛
月季
迷迭香
散尾葵

PRIVATE GARDEN DESIGN/MODERN STYLE

Greenwich Garden

格林尼治花园

Location: Greenwich，Connecticut　**Courtyard area:** 380 m²
Design units: Stephen Stimson Associates
项目地点: 美国 康涅狄格州　**占地面积:** 380平方米
设计单位: Stephen Stimson Associates

　　康涅狄格州格林威治现有住宅的业主，聘请景观设计师重新设计其4英亩的房产。其愿景是创建一个四季花园，这将是居所内的优美的，令人愉悦、供消遣、从容的空间、项目涵盖了循环系统，停车场，泳池和SPA，篮球场，活动草坪，高尔夫球场，网球场，网球场棚，还有隐私屏风。最初，房产包括早期英格兰的木质房屋，一个年久失修的游泳池，周边是树冠成熟的东北硬木，这片土地的东南部是一个小池塘。

泳池两边沿石墙种植了多种多年生的夏花植物，如鼠尾草、萱草和羽衣草等，既软化了石墙生硬的线条，又增添了情趣。疏密有致的桦木林枝叶扶疏，姿态优美，形成一道亮丽的风景。

桦树
萱草
俄罗斯鼠尾草
山麦冬
桂皮紫萁

私家庭院设计 / 现代风格

PRIVATE GARDEN DESIGN/MODERN STYLE

House by the Creek

溪边小屋

Location: Texas, USA **Courtyard area:** 450 m²
Design units: MESA

项目地点： 美国 德克萨斯 **占地面积：** 450平方米
设计单位： MESA

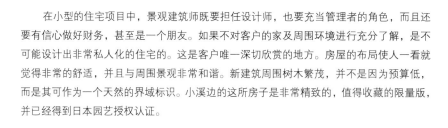

在小型的住宅项目中，景观建筑师既要担任设计师，也要充当管理者的角色，而且还要有信心做好财务，甚至是一个朋友。如果不对客户的家及周围环境进行充分了解，是不可能设计出非常私人化的住宅的。这是客户唯一深切欣赏的地方。房屋的布局使人一看就觉得非常的舒适，并且与周围景观非常和谐。新建筑周围树木繁茂，并不是因为预算低，而是其可作为一个天然的界域标识。小溪边的这所房子是非常精致的，值得收藏的限量版，并已经得到日本园艺授权认证。

建筑被周围郁郁葱葱的植物群落环绕，阳光透过枝叶在墙上和地面洒下斑驳的光影。麦冬从台阶缝中溢出，将建筑与周围的自然环境很好地联系起来。

松树
槭树
橡树
麦冬

Lunada Bay Residence

Lunada海湾住宅

Location: California，USA　**Courtyard area:** 1672 m²
Design units: Artecho Architecture and Landscape Architecture
项目地点：美国 加利福尼亚　占地面积：1672平方米
设计单位：Artecho Architecture and Landscape Architecture

前院采用了完全的对称手法，从进门外景墙开始，到两边推开式木门，再到园中挺立如迎客的棕榈树，建筑围墙边规整的植物，最后是门口两个黑色球型花盆。依照着中间黑色大理石，分站两边。独特的石质矮墙，一边是植物丛生，一边是烈火燃烧，令人产生无尽遐想。

蕨类植物中一弯清泉缓缓流下，浇灌着植物。水，一直都与植物相铺成相。如同在平台上就能看到的大海，周围的低矮灌木与多年生草本植物避开了看海的视线，又为海洋增添了些许色彩。与蔚蓝平行的水地砖将空间纵横延展，并虚隔开休息区与观景区。

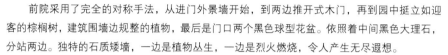

纸莎草的茎杆笔直翠绿，枝叶婆娑，在白墙的映衬下，形成一幅秀美的图画，同时又同背景中两株挺拔的荷威椰子在形体、线条、色彩和质地上形成鲜明的对比。

荷威椰子
纸莎草
苏铁

PRIVATE GARDEN DESIGN/MODERN STYLE

Shibagaki and Ng Residence

奥古斯汀酒店别墅花园

Location: Sydney，Australia　**Courtyard area:** 200 m²
Design units: ASPECT Studios, Marsh Cashman Koolloos (MCK) Architects
项目地点： 澳大利亚 悉尼　**占地面积：** 200平方米
设计单位： 澳派景观设计工作室, Marsh Cashman Koolloos 建筑设计工作室

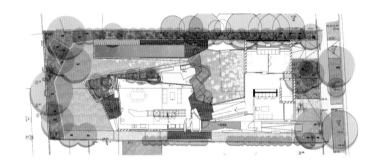

　　别墅花园设计的成功之处在于设计师巧妙地将室外景观与室内景观进行自然地过渡与融合。室内的铺地一直延续到户外的花园空间。

地板表面从室内一直向外延伸直至室外绿色空间，模糊了室内空间与室外空间之间的界限。植物种类大都是耐干旱极强的。马蹄金从铺装缝隙中铺展开来，犹如绿色的地毯，墙角的槭树为庭园带来色彩的变化。

樱花
鸡爪槭
凤梨
马蹄金

PRIVATE GARDEN DESIGN/MODERN STYLE

Amanali Country Club and Aautic Showroom

乡村俱乐部和水上运动场

Location: Tepejil de Río **Courtyard area:** 2930 000 m²
Design units: Grupo de Diseo Urbano
项目地点: Tepejil de Río **占地面积:** 2930 000平方米
设计单位: Grupo de Diseo Urbano

　　庭院空间方正规则，于中心处设一泳池，平台、雕塑、水景喷泉等景观围绕泳池而设，既满足庭院各种功能又营造景观特色。庭院四周种植茂密，绿树成荫，乔灌搭配，尽显层次之感。于庭院一角，种植一株大树，衬于水景雕塑之后，成为庭院中的视觉中心。规则之处亦见层层变化，最后使视线集于一点，让景观生动而富有韵律。

　　配景植物主要从当地就地取材的沙漠植物，如沙漠勺子、仙人掌、龙舌兰等，使得植物能在当地的气候条件下生长良好，同时也使建筑景观能很好地融入到周围的环境中去。

沙漠勺子

PRIVATE GARDEN DESIGN/MODERN STYLE

Landfall
着陆之地

Location: Dublin, Ireland　**Courtyard area:** 6000 m²
Design units: Hugh Ryan Landscape Design
项目地点：爱尔兰 都柏林　　**占地面积**：6000平方米
设计单位：Hugh Ryan Landscape Design

　　广阔延绵的都柏林湾南侧是 Coliemore，它是古老的渔港，嵌入一个由岩石构成叫做 Dalkey Sound 的地方。在离海岸的不远处正是多基岛嶙峋的裸露岩石创造出了这一天然避风港，这个岛连同岛上的那个马尔泰洛塔可以在海湾的任何位置看到。

挡土墙圆滑的曲线就着地势将整个庭园联系起来，其作为建筑的延伸，使得建筑与周围自然环境也融为一体。在挡土墙白色的映衬下，绿色的草坪宛若绿色的溪流流淌其间，为空间提供一种柔和、灵动的亲切感。

萱草

PRIVATE GARDEN DESIGN/MODERN STYLE

Beverly Hills Retreat

贝弗利山隐居所

Location: California, USA　　**Courtyard area:** 1335m²
Design units: Ecocentrix
项目地点：美国 加利福尼亚　　**占地面积：**1335平方米
设计单位：Ecocentrix

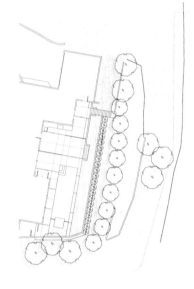

　　这个单层的现代小居所置身于贝弗利山中，挨着著名的马尔霍兰大道。最初它是五十年前为一个年轻的女演员建的，她是那个著名的霍华德·休斯的一个情人。

　　现在的居住者在40年前买了它，然后在那时找来建筑师进行了首次景观设计。当时是有名的景观建筑师给设计的，但已经过时了，建筑材料腐烂严重。我们的任务是把这一地方开发成一个现代简洁具有地方特点的景观，使其更好地与华丽的室内装修搭配，并且发挥出更好的功能。

　　池中的观赏草同庭园中的其他景观元素形成直接的对比，在风中摇摆，给庭院带来动感与活力。围墙上的藤本柔化了整个庭园坚硬的轮廓，并将庭园与周围自然环境联系起来。

爬山虎
观赏草

PRIVATE GARDEN DESIGN/MODERN STYLE

Dune Side Residence

沙丘附近

Location: East Hampton，New York，USA　**Courtyard area:** 340m²
Design units: Edmund Hollander Landscape Architect Design
项目地点：美国 纽约 东汉普顿　**占地面积：**340平方米
设计单位：Edmund Hollander Landscape Architect Design

　　这个项目作出了一个非凡的挑战，就是将各种景观元素融合成具有本国风情的海事景观。为了在有限的条件下完成，风景园林师做了周密的地形考察，包括微气候变化和沙漠化。本土的植物(加拿大唐棣）被确定，在车道、人行道和康乐设施都会种植，作用是保护并改变这些地方。为了增强其独特性，景观设计师与景观承包商共同清除了非本土植物，用原生蕨类植物，玉簪属植物和落新妇属植物取代，营造了一个常年庇荫的花园。

高大的树木和其荫蔽下的露台为晴朗天气提供了一个开放式的休息平台。草本植物带来了色彩和情趣，使整个庭园变得鲜活起来。

美国黑樱桃
加拿大唐棣
玉带草
八仙花

Hilltop Residence

山顶住宅

Location: Seattle, WA, USA　**Courtyard area:** 345 m²
Design units: Paul R. Broadhurst + Associates, Seattle, WA
项目地点：美国 华盛顿 西雅图　　**占地面积：**345平方米
设计单位：Paul R. Broadhurst + Associates, Seattle, WA

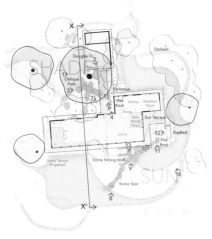

HILLTOP RESIDENCE
SITE PLAN
SHOWING SECTION X - X'

　　这个项目的构架非常井然有序，并且是很合理的中世纪现代建筑。它与汽车关联。并将现代化视为生活方式。由于具备开放通风的特性，所以不是很依赖着陆地。这种现代化呈现景观的对立面——水土平衡。从这种动态关系上来看，客户对生活方式的视角还是很广的。

一条花岗岩小径沿斜坡蜿蜒而上，小径两侧长满了萱草、观赏葱、绵毛水苏、薰衣草等多年生的草花，五彩斑斓，芳香四溢。建筑周围郁郁葱葱的乔灌木将建筑环绕起来，使得建筑很好地融入到自然环境中，同时乔木变化的竖线条与建筑横线条形成鲜明的对比。

大花葱
绵毛水苏
薰衣草
萱草

PRIVATE GARDEN DESIGN/MODERN STYLE

Splay Space

倾斜空间

Location: Dublin，Ireland　**Courtyard area:** 6000 m²
Design units: Hugh Ryan Landscape Design
项目地点：都柏林 爱尔兰　**占地面积：**6000平方米
设计单位：Hugh Ryan Landscape Design

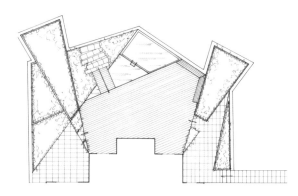

　　这座大花园大约0.6公顷，位于爱尔兰中部的一个乡村，距都柏林大约两个小时的车程。原来的中庭花园中有一个高出地面的花坛，它并没有将房间和花园联系起来，反而阻挡了房间和花园之间的视线。我的设计彻底改变了这种拥挤的布局，打造出了一个全新的外观。

火炬花、八宝景天、矾根等不同色彩、质感的植物种植在几何形的种植池中，使植物之间形成鲜明的对照。这样的栽种使水池不在显得单调。

竹
火炬花
八宝景天

Villa Krantz

克兰茨别墅

Location: Munich，Germany　**Courtyard area:** 3000 m²
Design units: Rainer Schmidt Landscape Architects
项目地点： 德国 慕尼黑　**占地面积：** 3000平方米
设计单位： 赖纳·施密特景观建筑公司

　　别墅始建于 1923 年，具有典型的新古典主义风格，并于 1980 年进行了修缮改建。整个别墅花园的外部充满野趣的"自然"气息，内部则通过简洁明快的线条和简练的建筑语言来表达。各种高雅、高档材质的使用更加强化了这一设计理念，如自然石材以及青铜雕塑的使用等。花园主要分成三个部分，其中东面是别墅的主入口，入口处种植着经过修剪的黄杨和杜鹃花丛。

　　周围高大的常绿树或落叶树将庭园环绕起来,修剪整齐的黄杨和矮紫杉绿篱围合出一个规则的庭园空间,庭园中心放置的球形黄杨更是加强了这种对称的风格,使得庭园呈现一种简洁、庄重的氛围。

樱花
椴树
五叶地锦
杜鹃花
小叶黄杨

Gibbs Hollow Residence

吉布斯中空住宅

Location: Texas，USA   **Courtyard area:** 480 m²
Design units: Bercy Chen Studio LP
项目地点：美国 德克萨斯州   **占地面积：**480平方米
设计单位：Bercy Chen Studio LP

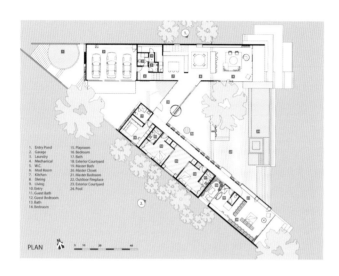

1. Entry Pond
2. Garage
3. Laundry
4. Mechanical
5. W.C.
6. Mud Room
7. Kitchen
8. Dining
9. Living
10. Entry
11. Guest Bath
12. Guest Bedroom
13. Bath
14. Bedroom
15. Playroom
16. Bedroom
17. Bath
18. Exterior Courtyard
19. Master Bath
20. Master Closet
21. Master Bedroom
22. Outdoor Fireplace
23. Exterior Courtyard
24. Pool

PLAN

吉布斯中空住宅看起来不像是一座房子，反而更像是德克萨斯州中部地形中石灰石和蓄水层的延伸。屋顶结构形成一个可以收集雨水天然水池，与魔法岩石中露出地表的春池十分相似。通过光伏板和太阳能热水板的使用，这个天然的蓄水池可以将自然水流转化为能量。气候系统与地热环路、水池和水景连接在一起，形成了一个换热系统，最大限度减少了电或气的使用。

建筑通过草坪向周围的环境过度，逐渐融入自然中。空旷的草坪使得宽阔的远景清晰可见，给人带来强烈的浪漫气氛。

观赏草
悬铃木

PV Estate

PV 居所花园

Location: California，USA　**Courtyard area:** 8094 m²
Design units: Ecocentrix
项目地点： 美国 加利福尼亚　**占地面积：** 8094平方米
设计单位： Ecocentrix

　　这个山坡上两英亩梯田式的植物园在高处俯看着太平洋。它的特点是园里园外的远景和两道 100 英尺长的倾斜墙所使用的当地现场挖掘的石头。

　　50 英尺长的无边际泳池与天空和远处的海洋连成一色。园子里蜿蜒的小路是顺着加利福尼亚早期定居者留下的马车道修建的。

丰富的植物将这条小径装点得多姿多彩。台阶上、花坛中、石缝间植物恰到好处的错落其间，与周围环境融为一体，不同植物的高度、色彩、叶型和质地又各有不同，体现着变化之美。

婆婆纳
白晶菊
马蹄金

Garden Minervalaan

Minervalaan 花园

Location: Amsterdam，The Netherlands　**Courtyard area:** 900 m²
Design units: Hosper Nl Bv Landscape Architecture and Urban Planning
项目地点: 荷兰 阿姆斯特丹　**占地面积:** 900平方米
设计单位: Hosper Nl Bv Landscape Architecture and Urban Planning

为 Minervalaan 上的别墅设计的 HOSPER 花园是根据地形和建筑定制的。设计基于周全的考虑，采用了一个总体简洁的布局设计，以便可以留出足够的空间给别墅，这才是主体。

池塘和前院组成了一个清新脱俗的私人空间，公共区域则是沿着街道的。走进山庄，从街道一侧望周围的花园景色是非常奇妙的。从别墅内观望则会更艺术一些，宽敞的阳台可以将花园美景尽收眼底。

　　为了和建筑风格相统一，庭园的植物景观以奶黄和蓝色为主色调，同时也注意季相的搭配，球根花卉、月季、杜鹃、荚蒾、叶子花等植物从早春到晚秋次第开放，使得每个季节都有景可赏。植物主要沿庭园周围布置，从而有足够的活动空间供孩子玩耍或聚会时招待客人。

柳树
叶子花
波斯菊
花烟草
小叶黄杨

PRIVATE GARDEN DESIGN/MODERN STYLE

Narrative for Residence in Palm Desert

帕姆迪泽特市某私人别墅

Location: California，USA　**Courtyard area:** 4150 m²
Design units: RGA Landscape Architects
项目地点： 美国　加利福尼亚　**占地面积：** 4150平方米
设计单位： RGA 景观建筑设计公司

　　这座别墅位于一个高尔夫乡村俱乐部旁边的两块土地上。这个景观建筑采用了乡村和现代相结合的建筑设计手法，为散漫布置的别墅创造了一个放松、休闲的环境。

　　主别墅高高地耸立在小山坡上，俯视着高尔夫球场和远处的帕姆迪泽特市。利用坡度的变化，沙漠溪流从主别墅流向低处的会客区和娱乐区。网球场、自然风格的游泳池和烧烤野餐为主人和他们的客人提供了康乐设施。所有的硬景观表面都铺上了错落有致的小石头，强调了别墅的乡村风格。

这是一个以各种形状叶片有效组合且对比鲜明的植物配置，枝叶细密的沙漠勺子，粗壮的龙舌兰以及多肉的仙人掌植物。车轴木增加了空间层次，而马樱丹、叶子花、三色堇等草花使整个庭园色彩丰富起来，同时与其他景观元素的色彩产生呼应。

扁轴木
龙舌兰
叶子花
马樱丹
沙漠勺子

PRIVATE GARDEN DESIGN/MODERN STYLE

Modern Tea Garden

现代茶园洋房

Location: London，England　**Courtyard area:** 32 m²
Design units: Studio Lasso
项目地点： 英国 伦敦　　**占地面积：** 32平方米
设计单位： Studio Lasso

　　这座别墅位于一个高尔夫乡村俱乐部旁边的两块土地上。这个景观建筑采用了乡村和现代相结合的建筑设计手法，为散漫布置的别墅创造了一个放松、休闲的环境。

　　主别墅高高地耸立在小山坡上，俯视着高尔夫球场和远处的帕姆迪泽特市。利用坡度的变化，沙漠溪流从主别墅流向低处的会客区和娱乐区。网球场、自然风格的游泳池和烧烤野餐为主人和他们的客人提供了康乐设施。所有的硬景观表面都铺上了错落有致的小石头，强调了别墅的乡村风格。

这是一个简洁的庭园，只在庭园的角落布置了少量的植物。正因如此，具有雕塑感的凤尾兰、沙漠勺子等植物在白墙、水体和灯光的作用下，成为一件件精致的艺术品。

棕榈
南天竺